狗狗和猫咪用品巧制作

40款衣服、项圈、玩具……

【法】法国嘉人图书编辑部 编
晏梦捷 译

中国轻工业出版社

拥有一只俊俏的喵宝或者汪宝，很好。但给它们亲手缝制些新潮的小配饰，让您家的喵宝、汪宝成为小区的大明星，岂不更妙？

本书为您提供了40种花样，助您个性化打造自家喵宝、汪宝的所有配饰：毛绒公仔、玩具、坐垫、毯子、包包和链圈。瞧，您一定希望从中学上几招。

从今往后，您家的沙发肯定会因为这些漂亮的宠物坐垫而更加时尚，您也会任由小家伙拖着饭盆爬上它们可爱的餐垫用餐。要是您的喵宝、汪宝已成为家庭一员，那它们的这些小配饰无疑将在您的家中大放异彩。

这些配饰的制作相当简单，您要做的只是挑选各色美丽新潮的布料而已。或者反其道而行之，把各种布头的边角料拼接起来，也不失为一个好办法。唯一需要的技术装备就是一台具备最基本功能（平缝、回缝、之字缝）的缝纫机和一只缝纫工具包。不必做缝纫大师，您也可以制作这些入门级的小玩意。不过，如果您需要缩放尺寸，那还是要掌握一些相关知识。鉴于此，本书主要面向缝纫初学者，所有图样都是进行尺寸缩放后便可轻松完成的简单款，而非对精准度要求更高的纽扣定制样式。

所有尺寸均包含 0.5cm 缝份。

目 录
Contents

喵宝

牵线萌鼠……6
懒猫坐垫……12
印第安锥帐……13
羽尾布球……26
鱼贴坐垫……27
猫爬架……40
喵宝坐垫……45
粉红牵挂……60
喵家小屋……61
收纳挂袋……82
塑料小包……83

牵线小鸟……86
鱼形餐垫……87
迷你垫……91
蓝色喵篮……110
恐怖鲨鱼……111
彩色小球……118

汪宝

毛绒骨头……7
毛领大衣……20
双色布球……21
手缝收纳包……31
随身粮包……36
骨形餐垫……37
梅花爪拼布垫……44
汪星毯……50
爱心挂饰……51
雨衣……54
小雨披……55
蝴蝶领结……66
汪之牵挂……67
狗宝外出服……71
萌汪出浴……76
滚滚圆球……77

软垫……90
汪宝小屋……94
碎花假领……95
纽扣翻领潮流大衣……102
保暖家居服……103
圆柱形靠枕……114
可爱小星星……115
亚细亚风情外套……119

若您家有打印机,请按照本书中图示要求,将其中一些图样按比例放大打印。比对图示,按顺序铺展开,胶带固定后,打出纸样。

牵线萌鼠

毛绒骨头

牵线萌鼠

有了这只老鼠,你的喵宝可能会欣喜若狂!

规格

7cm×8.5cm

材料准备

深紫色棉布 10cm×15cm
紫底印花棉布 6cm×8cm
黄色羊毛线 30cm
蓝白色亚麻绳 1m
黄色毛毡布 2cm×4cm
白色毛毡布 2cm×4cm
绿色绣花线 20cm
填充棉
紫色系棉线 1卷
手缝针 1根
缝纫工具包
熨斗
缝纫机

制作步骤

1 画: 根据9页图样按实际尺寸画出纸样。
2 剪: 用紫底印花棉布剪出鼠背。
3 剪: 用深紫色棉布剪出鼠头和鼠腹。
4 剪: 在白色毛毡布上剪出两枚直径1.5cm的圆形布片,作为鼠眼。
5 剪: 在黄色毛毡布上剪出两枚2cm×2cm的方形布片,将一侧剪成弧形,作为鼠耳。
6 放: 将两枚鼠耳放在鼠头正面,用紫色棉线缝合鼠头与鼠耳。
7 缝: 将鼠背、鼠头正面相对缝合。缝制时注意两枚鼠耳应夹在鼠头、鼠背中间。
8 放: 将鼠背和鼠腹正面相对放置,疏缝固定。
9 缝: 用紫色棉线缝合一周,留出约4cm返口。
10 拆: 拆掉疏缝线。
11 剪: 剪牙口。
12 翻: 翻出正面。
13 绣: 在眼睛正中用绿色绣花线结粒绣绣制眼珠(参见9页图示)。
14 填: 填入填充棉。
15 缝: 藏针缝缝合返口。
16 穿: 在尾部穿上黄色羊毛线作为鼠尾。
17 穿: 在鼠头处穿上蓝白色亚麻绳。

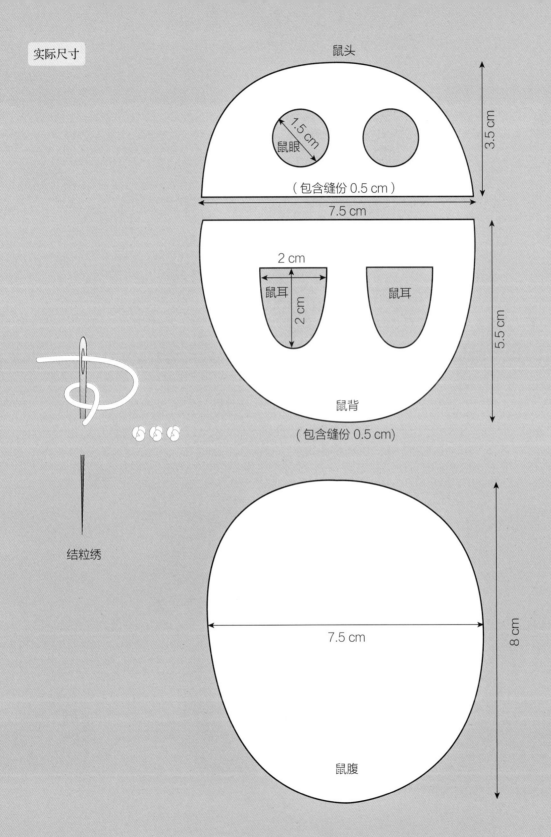

毛绒骨头

用一根好看的骨头来奖励乖巧听话的汪宝。

规格

18cm×38cm

材料准备

黄色棉布 40cm×40cm
粉色羊毛线 1m
荧光粉色缎带 0.5cm×10cm 1根
填充棉
白色系棉线 1卷
毛线针 1根
熨斗
缝纫机
缝纫工具包

制作步骤

1 画： 根据11页图样按实际尺寸画出纸样。
2 剪： 在黄色布料上剪下两片骨头。
3 合： 将两片骨头正面相对贴合。
4 缝： 用白色系棉线缝合一周。
5 留： 留出约8cm返口。
6 拆： 拆掉疏缝线。
7 剪： 剪牙口。
8 翻： 翻出正面。
9 绣： 用毛线针在其中一面上用粉色羊毛线绣出小星星。
10 填： 填入填充棉。
11 缝： 藏针缝缝合返口。把粉色缎带缝在骨头上。

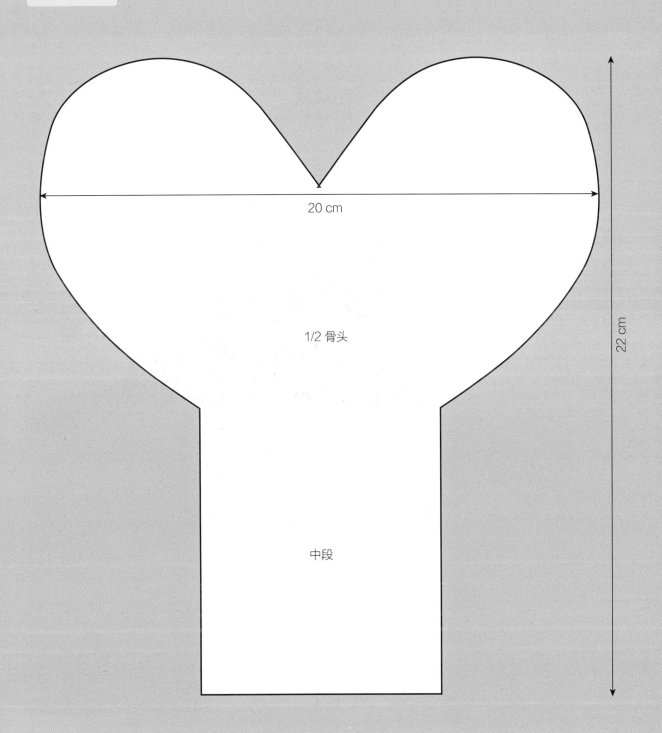

懒猫坐垫

印第安锥帐

懒猫坐垫

您可将这块垫子放在椅子上起保护作用，或者置于散热器上亦可。

规格

52cm×63cm

材料准备

黄底白色方格布
白色抓绒布
纯棉双面绒布 64cm×110cm
金黄色棉布 20cm×26cm
深紫红底白色小波点布 13cm×15cm
白色毛毡布 5cm×6cm
深蓝色绣花线
金色绣花线
粉色绣花线 1小段
白色棉线 1卷
深紫红色纯棉线 1卷
双面黏合衬（即布用双面胶）13cm×15cm
缝纫工具包
缝纫机
熨斗

制作步骤

1 剪： 在黄底白色方格布和抓绒布上分别剪出一块53cm×64cm的长方形，在纯棉双面绒布上剪出两块53cm×64cm的长方形。

2 剪： 在金黄色棉布上剪出一块20cm×25.5cm的椭圆形布料，放在黄底白色方格布上。

3 画： 依照15页图样画出猫头和猫眼。

4 熨： 在深紫红底白色小波点布反面铺上双面黏合衬，熨烫黏合。

5 剪： 剪出猫头，并在白色毛毡布上剪出一对猫眼。

6 缝： 取白色棉线将猫眼缝在猫头上，针脚宽度可略宽。

7 绣： 绣猫眼珠。直针绣纵向绣两道深蓝色绣花线，注意针脚需稍大些。

8 绣： 深蓝色线回针绣做出猫嘴。

9 绣： 取金色线，结粒绣做出猫胡子。

10 绣： 粉色线直针绣出猫鼻子。

11 熨： 猫头放在金黄色椭圆布中间，熨烫黏合。

12 缝： 取深紫红色线，车缝固定猫头。

13 放： 金黄色椭圆形布放在黄底白色方格布正中。

14 缝： 取深紫红色纯棉线之字线迹缝合一周，注意线迹宽度一定要窄。

15 合： 将黄底白色方格布和抓绒布正面相合，0.5cm缝份轮廓车缝一周。留大约20cm返口，剪牙口并翻出正面。

16 填： 填入两片纯棉双面绒，缝合返口。

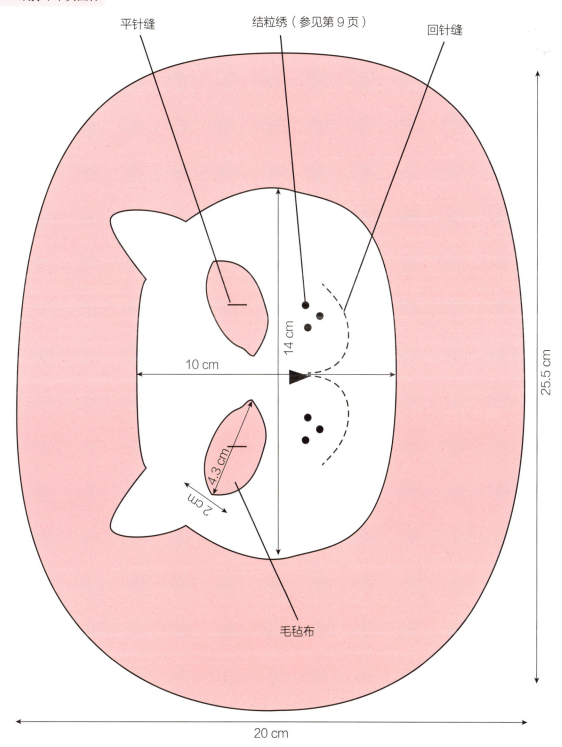

印第安锥帐

给喵崽崽的锥帐,您值得拥有!从此芙蓉帐暖您家宝贝必会做只安静玩耍的美喵。

规格

40cm×40cm

材料准备

苹果绿布 80cm×140cm
白底花布 80cm×140cm
白色毛毡布 20cm×20cm
加厚双面绒 80cm×140cm
加厚双面黏合衬 40cm×80cm
绿色缎带 4mm×50cm
白色棉线
浅灰色绣花线
尖头大号绣花针
缝纫工具包
缝纫机
熨斗

制作步骤

1 剪: 在白底花布和苹果绿布上各剪出一片40cm×40cm正方形。
2 缝: 两块布正面相对,用白色棉线0.5cm缝份缝合一周。留出一道15cm返口。剪牙口,翻出正面。
3 剪: 在双面绒上剪一片39cm×39cm正方形。填入双面绒。藏针缝缝合返口。
4 画: 根据17页图样按实际尺寸画出三角形纸样。
5 剪: 在白底花布和苹果绿布上分别剪出4片三角形。
6 剪: 在双面绒上剪4片三角形。
7 剪: 在毛毡布上剪4片云朵。用浅灰色绣花线在云朵上绣出若干小结粒绣。
8 钉: 在每块绿色三角形布片上钉一朵云,注意将一片云固定在其中一块三角形布片的偏上位置。取白色棉线锁边缝手缝云朵。
9 合: 取绿色和白色三角形布片各一块,正面相合,别针固定。用毡头笔在该片三角上画一个直径15cm的圆。
10 缝: 沿圆形轮廓缝合,缝合三角形布片两边。用剪刀挖去圆心部分。沿圆周剪一圈牙口。翻出正面。用藏针缝缝合三角形布片第三条边。
11 熨: 在另3块白色三角形布片反面铺上黏合衬布,熨烫黏合使布身挺括。注意熨斗温度不宜过高。

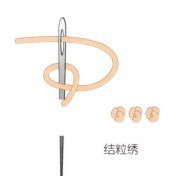

结粒绣

锁边缝

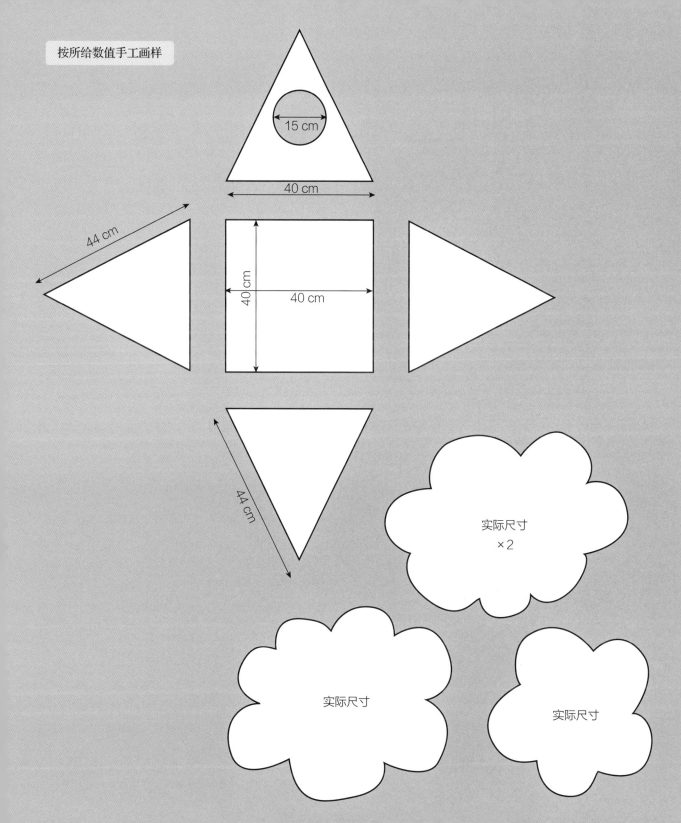

12 合: 将白色和绿色三角形布片两两正面相对,缝合3边,各留一道15cm返口。剪牙口,翻出正面。

13 填: 分别填入一片三角形双面绒。用藏针缝缝合返口。

14 合: 将4块三角形布片合拢成四面锥体,珠针固定。取白色棉线锁边缝缝合4边,注意针脚需宽一些。

15 合: 将三角形布片底边和步骤1~3制作的正方形底合拢,珠针固定。取白线锁边缝缝合,注意针脚稍宽。

16 缝: 锁边缝合返口。

17 剪: 将缎带等分成三段,对折。缝于锥帐顶部。

毛领大衣

双色布球

毛领大衣

炫酷的仿毛领冬款大衣,给您家汪宝增添一份猛兽气质!

规格

约25cm×41cm

材料准备

纯色抓绒布 27cm×45cm
纯色棉布 25cm×45cm
人造毛皮 15cm×30cm
纯色棉线 1卷
白色缎带 1cm×50cm
缝纫工具包
缝纫机
熨斗

制作步骤

1 画： 根据23页图样按实际尺寸画出纸样。可根据自家狗狗的体形相应缩放尺寸,并酌情增减布料。

毛领部分:

2 裁： 比照领子纸样裁一块人造毛皮,并在纯色棉布上剪下相同大小布片,作为里布。
3 锁： 人造毛皮和棉里布分别锁边。
4 合： 将表、里布正面相合,珠针固定。
5 剪： 将缎带剪成等长两段,用珠针分别固定在领子两端。
6 缝： 用纯色棉线1cm缝份缝合一周,留出5cm返口,拆去珠针。
7 剪： 剪牙口。
8 翻： 从返口处翻出正面。
9 熨： 熨烫里布。
10 缝： 藏针缝手缝返口。

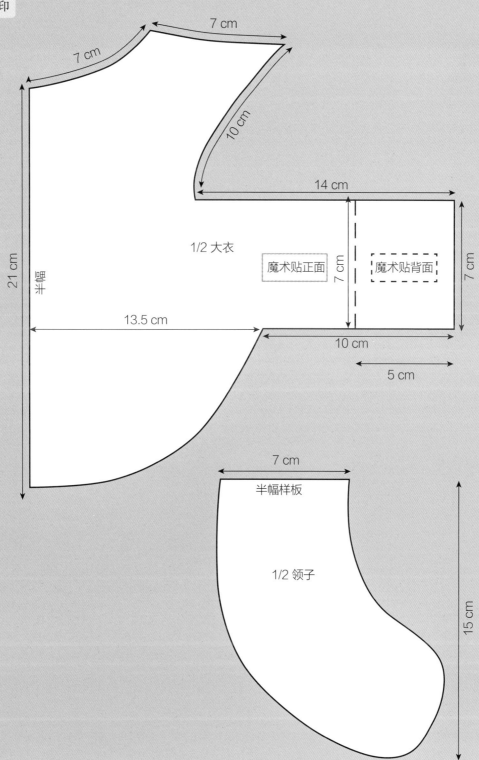

衣身部分:

11 剪: 根据23页图样在毛毡布上剪出衣身,在棉布上剪出里布。
12 锁: 将棉里布锁边。毛毡表布无须锁边。
13 合: 表里布正面相合。1cm缝份缝合一周。留出约8cm返口。
14 剪: 剪斜角和牙口。
15 翻: 从返口处翻出正面。
16 缝: 用藏针缝手缝返口。
17 缝: 根据图样所示确定魔术贴位置,车缝。
18 接: 拼接毛领和衣身。
 一对: 将毛领与衣身正面领圈处对齐。
 一折: 对折毛领,中点用珠针固定。对折衣身领圈找到中点。两者中点对齐确定毛领位置,手工缝合毛领。

双色布球

这布球可爱得让我们理所当然视之为一件装饰品。

规格

直径16cm

材料准备

绿白相间印花布 17cm×20cm
紫底白色星星印花布 17cm×20cm
填充棉
缝纫机
缝纫工具包

制作步骤

1 画：根据左下图示画出纸样。
2 剪：按纸样在每种布料上剪3块布片。分别锁边。
3 合：取紫底白色星星印花布和绿白相间印花布各一块，正面相合，0.5cm缝份缝合。
4 重：重复步骤3两遍。
5 拼：将3片布拼接在一起。
6 留：留出5cm返口。
7 翻：翻出正面。加入填充棉。
8 缝：藏针缝法缝合返口。

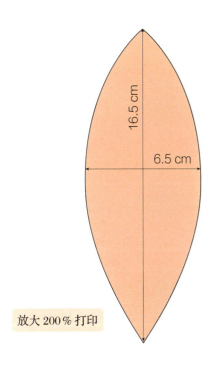

放大200%打印

羽尾布球

羽尾布球

似球滚滚,似鸟翩翩,如诗如幻。真希望喵宝能爪下留情!

规格

直径10cm

材料准备

蓝色棉布 12cm×12cm
绿色碎花布 12cm×12cm
12cm长羽毛 1根
填充棉
缝纫机
缝纫工具包

制作步骤

1 画: 根据左下图示画出纸样。
2 剪: 每种布料按纸样剪出3片。分别锁边。
3 合: 取蓝色棉布和绿色碎花布各一块,0.5cm缝份缝合。
4 同上: 处理余下布片。
5 拼: 拼接上述3块布。
6 留: 留出5cm缝份。
7 翻: 翻出正面,加入填充棉。
8 缝: 藏针缝缝合返口并钉上羽毛。

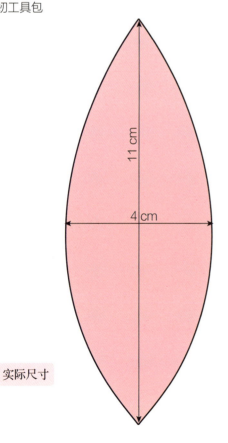

实际尺寸

鱼贴坐垫

用一块充满幽默感的坐垫撩猫!

规格

36cm × 43cm

材料准备

蓝色棉布 40cm × 90cm
纯色毛毡布 6cm × 22cm
白色棉线 1卷
蓝色棉线 1卷
填充棉
大号尖头绣花针
缝纫工具包
缝纫机

制作步骤

1 剪: 在蓝色棉布上剪下两块37cm × 44cm长方形。
2 画: 根据右下图示画出鱼形纸样,根据纸样裁剪毛毡布。
3 定: 用珠针将纯色毛毡布鱼形图样固定在长方形正面中间位置。
4 缝: 取白色棉线,用锁边缝(参见第16页图示)手缝鱼身各部。
5 合: 将两片长方形正面相合,固定。
6 缝: 平缝线迹缝合长方形3条边。
7 锁: 之字线迹锁边。
8 剪: 剪斜角。
9 翻: 翻出正面。
10 填: 往坐垫内部填入填充棉。
11 缝: 缝纫机缝或藏针缝手缝坐垫最后一条边。

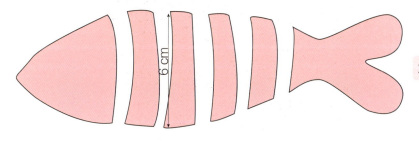

放大 200% 打印

22 cm

手缝
收纳包

手缝收纳包

美男汪不带上必备的洗漱用品是不会出远门的。刷子、沐浴露、药品……这款包包可以收纳一切！

材料准备

灰蓝色拉链（50cm）1根
橘色花棉布 15cm×1m
白色棉布（里布）15cm×1m
灰底绿色花纹布 25cm×35cm
白色棉线 1卷
硬纸板
切纸刀、切纸板 各1个

制作步骤

提手

1 剪：在橘色花棉布和白色棉布上分别剪下一块4cm×14cm长方形。
2 合：将两块长方形棉布正面相合。0.5cm缝份用白色棉线缝合4边，留出4cm返口。
3 剪：剪斜角。翻出正面。沿提手四周0.5cm处压一圈明线。

包盖

1 剪：在灰底绿色花布上剪出一块14cm×22cm长方形作顶盖，两条4cm×22cm布条作包盖前后长边，两条4cm×14cm布条作包盖侧边。
2 合：将顶盖和4条边正面相对，0.5cm缝份缝合。攥住各尖角然后剪斜角。
3 放：将提手放在顶盖中间。提手两头方形走线固定，方形正中十字形走线再次固定。
4 剪：在白色棉布上剪出同等大小长方形作里布。缝合表、里布。

包身

1 剪：在橘色花棉布上剪出：一片包底14cm×22cm；前后片各一片12cm×22cm；侧面两片12cm×14cm。
2 合：将前后片及两侧面与包底正面相对缝合。攥住尖角，缝合。

收纳包各部拼合图样

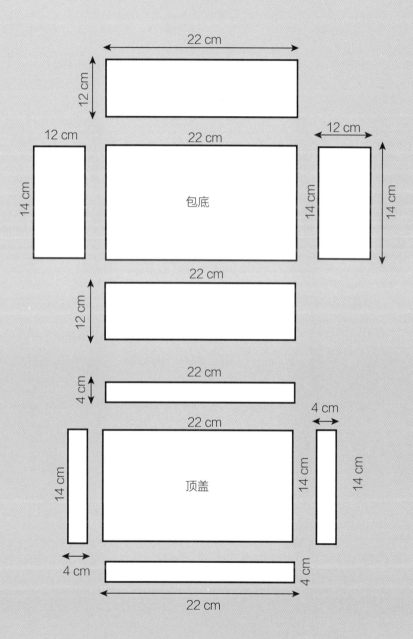

3 剪: 在白色棉布上剪出同样大小的长方形作为里布。缝合表、里布,包底留出一边不缝合。

4 合: 将包盖与包身的一条22cm长边拼接,0.5cm缝份缝合。

5 剪: 在硬纸板上剪出14cm×22cm长方形包底一片,12cm×22cm长方形两片,12cm×14cm长方形两片。

拼合

1 定: 将拉链放在包盖正面,链牙朝内。疏缝或珠针固定(参见第35页图示)。

2 放: 将里布正面朝内叠放在上,注意拉链此时应位于表、里布之间。

3 换: 更换缝纫机压脚。换上拉链压脚,若无,也可用滚边压脚替代。

4 缝: 缝合表里布和拉链。

5 合: 拼合剩余部分拉链。完毕后拉开拉链。拉链下部用珠针固定在包身部分,用珠针将里布固定在包身外侧,缝合表、里布和拉链。

6 翻: 将整个包翻出正面,并沿拉链两边0.5cm处各缝一道明线。

7 插: 里布衬在内侧,在包底和包身四周插入硬纸板。

8 缝: 藏针缝缝合表、里布未封口处。

包盖拼合

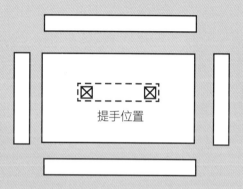

拉链安装位置

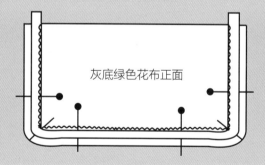

35

随身粮包

骨形餐垫

随身粮包

您想要的悬挂式狗粮包！您大可以把包高高挂起，再也不用藏东藏西整天担心被吃货汪翻出来了。

规格

32cm × 39cm

材料准备

床垫布 40cm × 120cm
酒红色绣花线
大号安全别针 1枚
尖头绣花针 1根
毡头笔
缝纫机
缝纫工具包
熨斗

制作步骤

1. **准备抽绳：** 在床垫布上剪出一条7cm×120cm的长方形布条。布条反面朝上。两条长边分别向内翻折1cm，熨烫内折后的边缘。布条反面朝上，长边相向对折，熨平。四周沿边缘0.3cm处车缉明线一道。

2. **制作包身：** 剪两片33cm×43cm长方形床垫布作为包身。两片布正面相对，缝合两条长边。

3. **制作包底：** 剪一块11cm×33cm长方形床垫布作为包底。布块长边相向对折。两段折缝处用珠针标记。再用珠针将包身固定于包底。包身侧边缝合线与包底折缝对齐，缝合包身与包底，拆去珠针。剪斜角。

4. **拼合：** 包口向内折1cm，熨烫平整。再次向内折3.5cm做抽绳槽。距包口3cm处缝合，留出3cm返口。
翻出正面。抽绳一端别上一枚安全别针穿过抽绳槽。抽绳两端打结。
取两股酒红色绣花线，在包身一面用卷茎绣法绣上"croquettes"字样。

卷茎绣

骨形餐垫

汪宝吃饭一般都有狼吞虎咽的习惯。这块垫在饭盆下面的可爱餐垫会瞬间成为您的厨房亮点。

规格

30cm×60cm

材料准备

印花PVC防水布 30cm×60cm
宽型双面胶
小号硬纸板 30cm×60cm
切纸刀或剪刀

制作步骤

1 画： 根据下图所示按实际尺寸在硬纸板上画出样子。
2 贴： 用双面胶将印花PVC防水布贴在硬纸板上。
3 剪： 按照硬纸板轮廓剪下防水布。

放大 300% 打印

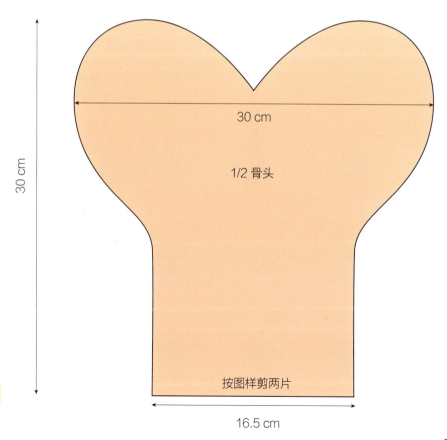

30 cm

1/2 骨头

按图样剪两片

30 cm

16.5 cm

猫爬架

猫爬架

这座喵宝不可或缺的物件终于可以和您家的内装融为一体了!噢——终于不用嫌架子太丑藏起来了!

规格

大约40cm×40cm

材料准备

猫爬架 1座
码钉枪 1把
码钉枪专用钉
绳子 1m
强力胶
绿白相间花棉布 50cm×60cm
红白相间花棉布 50cm×60cm
红色花棉布 12cm×18cm
彩色细绳 1m

制作步骤

1 拆: 拆卸猫爬架。
2 涂: 在支柱上涂抹强力胶,将绳子从柱头起缠绕柱身。待干。
3 剪: 在绿白相间花棉布和红白相间花棉布上分别剪出一块边长40cm的正方形。
4 放: 将一块木托板放置在一块方布正中。方布外缘包住托板边缘,码钉枪固定。
5 同上: 处理第二块方布。
6 缝: 缝制小鱼:
— 画: 根据43页图样按实际尺寸画出纸样。
— 剪: 在每块布上剪出两片鱼形。
— 合: 将鱼形布两两正面相合。
— 缝: 缝合一周。
— 留: 留出4cm返口。
— 剪: 剪牙口和斜角。
— 翻: 翻出正面。藏针缝缝合返口。
— 穿: 用一根大号手缝针将彩色细绳穿过鱼嘴部位。
7 钉: 用码钉枪将细绳另一端钉在已蒙好布的托板下方。
8 装: 重新组装猫爬架。

实际尺寸

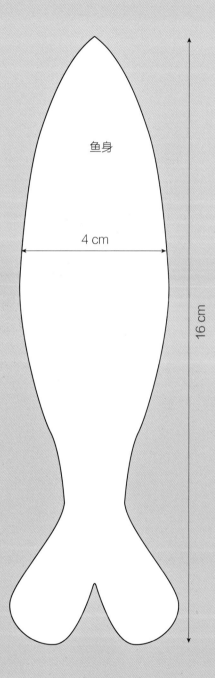

梅花爪拼布垫

喵宝坐垫

梅花爪拼布垫

用古老的拼布技艺让您家汪宝从此睡得安稳香甜。还不赶快动手!

规格

56cm×56cm

材料准备

纯色棉布约 57cm×57cm
粉色棉布 20cm×100cm
粉色碎花布 20cm×80cm
紫色布 15cm×15cm
纯棉双面绒 56cm×56cm
黏合衬 15cm×15cm
紫色棉线 1卷
粉色棉线 1卷
大号尖头绣花针 1根
熨斗
缝纫工具包
缝纫机

制作步骤

1. 剪: 在粉色碎花布上剪出4块边长20cm的正方形。
2. 剪: 在粉色棉布上剪出5块边长20cm的正方形。
3. 画: 根据47页图样按实际尺寸画出梅花爪印纸样。
4. 剪: 剪刀剪下纸样。
5. 画: 比照纸样在紫色布上画出图样。
6. 熨: 用熨斗将黏合衬熨在紫色布反面。剪出梅花爪印。
7. 定: 用珠针将梅花爪图案固定在粉色方布正中,用粉色棉线手工缝合。
8. 缝: 在该块粉色布的每一条边上拼一块方形粉色碎花布,正面相对缝合。
9. 缝: 在垫子的一边,一块粉色布、一块粉色碎花布、一块粉色布间隔拼接,0.5cm缝份缝合。
10. 合: 其余3边同上处理,0.5cm缝份缝合。
11. 剪: 在纯色棉布上剪出一块边长57cm的正方形,作为里布。
12. 放: 将拼接好的表布和里布正面相合,0.5cm缝份缝合一周。留10cm返口。
13. 剪: 剪牙口。
14. 翻: 翻出正面。
15. 填: 填入纯棉双面绒。
16. 缝: 藏针缝缝合返口。

实际尺寸

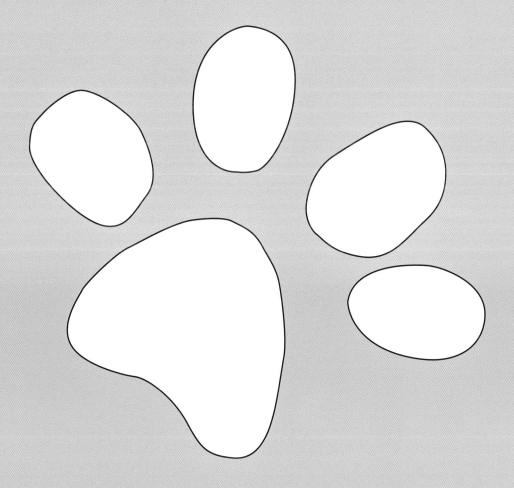

喵宝坐垫

要是喵宝从垫子上爬起来,我就立马趴上去!

规格

33cm×50cm

材料准备

粉色花棉布
纯色棉布
粉色系绒球(2cm)4个
填充棉
纯色棉线 1卷
缝纫工具包
熨斗

制作步骤

1 剪: 在粉色花棉布和纯色棉布上分别剪出两块34cm×51cm长方形,正面相对,珠针固定。
2 缝: 用纯色棉线缝合前后片。
3 留: 留约8cm返口。
4 剪: 剪斜角。
5 翻: 翻出正面。
6 填: 填入填充棉。
7 缝: 藏针缝缝合返口。
8 缝: 垫子四角分别缝上一个粉色绒球。

坐垫变种——猫床窝垫

一只猫床,上面松软地铺着可爱小垫子……快来迎接家里的喵崽崽吧!

规格

20cm × 30cm

垫子的规格应比猫床略大

请根据您家猫床实际大小设计窝垫尺寸

材料准备

坚固的猫床 1个

粉色油漆

油漆刷 1把

粉色花布 40cm × 60cm

填充物

白色棉线 1卷

缝纫工具包

缝纫机

制作步骤

1 漆: 将猫床外侧漆成粉色,待干。
2 剪: 在粉色花布上剪出两块30cm × 40cm的长方形。
3 放: 将两块长方形布片正面相对叠放,珠针固定。
4 缝: 用白色棉线缝合一周。
5 留: 留出约8cm返口。
6 剪: 剪斜角。
7 翻: 翻出正面。
8 填: 轻柔地填入填充物。
9 缝: 藏针缝缝合返口。
10 放: 将窝垫放入猫床。

汪星毯

爱心挂饰

51

汪星毯

可清洗还很柔软,简直是宠物爱好者的福音!我们也能拥有一块这样的宝物吗?好吧,请上座,汪星大人!

规格

70cm × 100cm

材料准备

深灰色加厚抓绒布 100cm × 140cm
深紫红色刺绣线(6股)1支
粉底碎花布(2块)14cm × 16cm
同色系粉底碎花布 16cm × 31cm
黏合衬 1m
玫红色棉线 1卷
大号尖头绣花针 1根
缝纫工具包
缝纫机

制作步骤

1 **画:** 根据下方骨头图样画出纸样。
2 **熨:** 将黏合衬铺在粉底碎花布背面,熨烫黏合。
3 **裁7片骨头:** 在较小的粉底碎花布上各裁出2片骨头,较大的碎花布上裁3片骨头。
4 **剪:** 在深灰色加厚抓绒布上剪出两块70cm × 100cm的长方形。
5 **放:** 将骨头放在其中一块长方形上。
6 **锁:** 用玫红色棉线将各片骨头之字线迹锁边,注意针脚宽度一定要窄。
7 **合:** 将两片长方形抓绒布相合叠放,锁边缝(参见本书第16页)缝合一周。

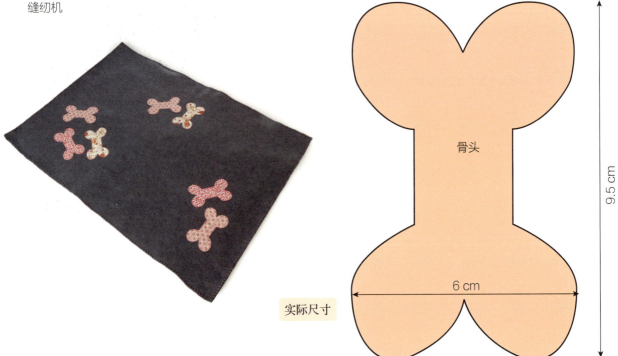

实际尺寸

爱心挂饰

为了让自家汪宝、喵宝出门时更有范儿,这颗小爱心必不可少!

规格

5cm × 6cm

材料准备

灰底黑色星星花棉布 7cm × 14cm
钥匙圈 1枚
荧光粉色缎带 0.5cm × 10cm
填充棉
缝纫工具包
绣花针 1枚

制作步骤

1 画: 根据下方图示按实际尺寸画出纸样。
2 剪: 按纸样在灰底黑色星星花棉布上剪出两片爱心形状。
3 合: 将两片爱心正面相合,疏缝固定。
4 缝: 缝合一周,留约2cm返口。
5 拆: 拆去疏缝线。
6 剪: 剪牙口。
7 翻: 翻出正面。
8 填: 填入填充棉。
9 缝: 藏针缝缝合返口。
10 缝: 将荧光粉色缎带中间部位缝于爱心顶端。
11 系: 将荧光粉色缎带系成蝴蝶结。
12 缝: 将爱心缝在钥匙圈上。

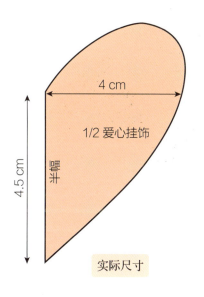

实际尺寸

雨衣

小雨披

雨衣

穿上这件雨衣,您家汪先生立现无与伦比的潮男气质。现在它缺的就剩一双雨靴啦!

规格

47cm×64cm

材料准备

蓝色花纹防水布 47cm×64cm
纯色棉布 47cm×64cm
缎带 0.7cm×50cm
蓝色棉线 1卷
魔术贴 10cm
缝纫工具包
缝纫机

制作步骤

1. **画**: 比照57页图示按实际尺寸画出纸样。您可以根据自家狗狗的体型缩放尺寸,并酌情准备布料。
2. **剪**: 在蓝色花纹防水布上剪出衣身。纯色棉布上剪出相同形状作为里布。
3. **放**: 将衣身和里布正面相合叠放。
4. **剪**: 剪两条长25cm的缎带。分别放在衣身里布背面顶端,胶带粘贴固定。注意不要固定在防水布一侧。
5. **缝**: 用蓝色棉线缝合一周,留出10cm返口。
6. **抽**: 抽去胶带纸。
7. **剪**: 剪牙口和斜角。
8. **翻**: 从返口处翻出正面。
9. **缝**: 手缝缝合返口。
10. **放**: 根据右页图样所示放置魔术贴,缝合边线,完工。

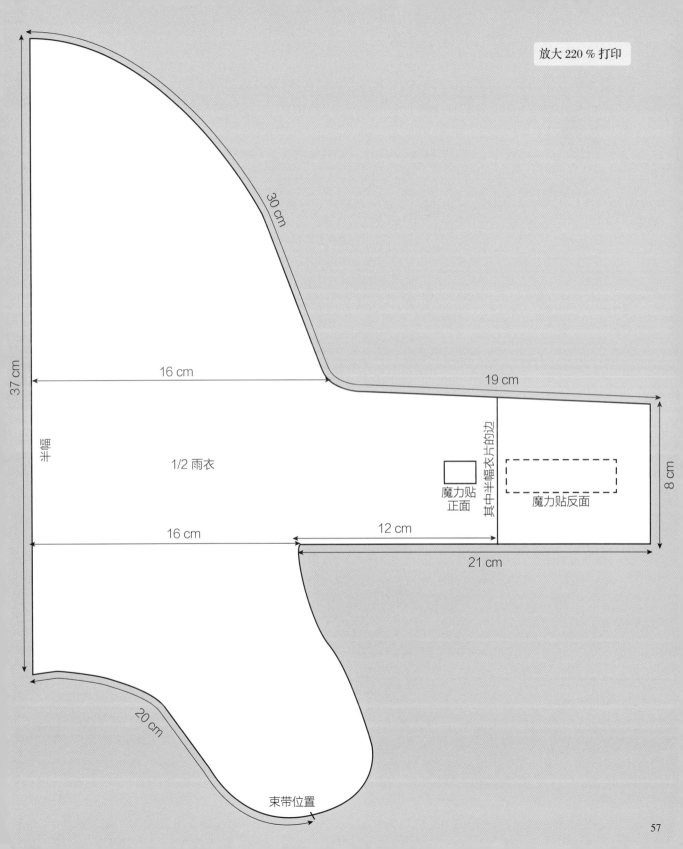

小雨披

为了不让汪宝宝把自己淋湿,必须得给它披上小雨衣。要是变成落汤狗可就不美啦。

规格

23cm×36cm

材料准备

粉红底白色波点防水布 23cm×36cm
粉白方格棉质包边条 120cm
淡粉色棉线 1卷
缝纫工具包
缝纫机

制作步骤

1 画: 比照59页图示按实际尺寸画出纸样。您可以根据自家狗狗的实际体型缩放大小,并准备相应量的布料。
2 剪: 根据纸样裁剪粉红底白色波点防水布。
3 剪: 在包边条上剪下两段长20cm的小布条,分别缝在59页图样所示位置。
4 展: 将剩余包边条展开,比对在领圈部位。包边缝合即可。

不用额外将包边条固定在防水布上。若您想在缝合前先固定包边条位置,用胶带即可。

放大 130% 打印

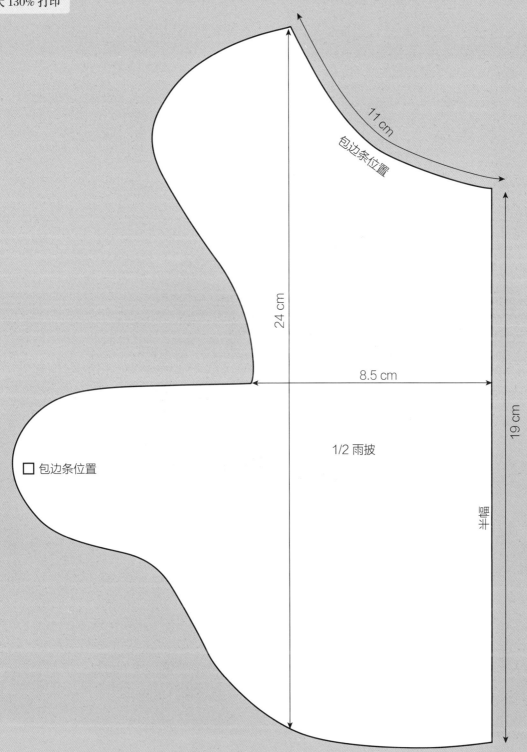

粉红牵挂

喵家小屋

6

粉红牵挂

有时候，必须要穿戴齐整才能出门。戴上这条带铃铛的项圈和牵引绳，您家喵宝不仅能撩倒所有路过的猫，也能撩倒所有路过的人！

材料准备

粉红色碎花布 10cm×110cm
粉红棉线 1卷
黏合衬 5cm×30cm
钩环 1枚
直径1.5cm金属圆环 1枚
铃铛 1个
搭扣1枚
大号安全别针1枚
缝纫工具包
缝纫机
熨斗

制作步骤

下述步骤适用于制作长22cm的项圈。

项圈：

1. 量：量您家猫咪领圈尺寸，确定项圈长度。在粉红色碎花布上剪下一段5cm×27cm的布条。
2. 定：黏合衬铺在粉红色碎花布背面，熨烫黏合。将布条正面相合，长边相向对折。0.5cm缝合长边。
3. 翻：可借助一枚安全别针翻出项圈正面。两段分别向内折1cm。
4. 缉：项圈四周沿边缘0.3cm用粉红棉线缉一道明线，起加固作用。
5. 穿：铃铛穿上圆环，圆环套上项圈。项圈两端分别穿过搭扣一头，翻折后用之字线迹缝合。注意针脚宽度需紧密。

牵引绳：

1. 剪：在粉红色碎花布上剪下一片5cm×110cm布条，正面相合，长边相向对折。0.5cm缝份缝合长边。
2. 翻：可借助安全别针翻出牵引绳正面。
3. 折：绳子两段向内翻折，四周沿边缘0.3cm缉一道明线，起加固作用。
4. 穿：将绳子一端穿过扣环。翻折后用之字线迹缝合。注意针脚宽度需紧密。
5. 折：绳子另一端向内折17cm，做出绳套形状，用针脚紧密的之字线迹缝合。

喵家小屋

为了达到迅速改装喵宝旧屋的目的,这款外罩可谓十分机智。您也可使用和您家桌布、餐垫配套的同色防水布改造喵家小屋。

规格

依据猫屋大小而定。

材料准备

防水布 120cm×120cm
与布同色系的棉线
缝纫机
缝纫工具包
切割刀和切割垫板 各1个

制作步骤

1 量: 丈量猫屋尺寸。
2 记: 在65页缩小版图样上记下尺寸。
3 标: 标出一侧猫屋片的长,并在实际长度上增加4cm作为缝份和余量(方便迅速拆装布罩)。
4 标: 标出高度,同样增加4cm。
5 标: 标出屋子纵深,同样增加4cm。
6 剪: 在防水布上剪出:
    —2块屋侧片
    —1块屋顶片
    —1块屋前片
    —1块屋后片
7 屋顶片: 可用切割刀切割若干1cm×4cm小条,方便猫屋通风换气。
8 屋前片: 丈量猫屋门,根据实际尺寸在前片上切割相应形状。
9 合: 将屋顶和前后片及两侧片正面相合,胶带固定。0.5cm缝份车缝。
10 缝: 将前后片和两侧片正面相对,用棉线两两缝合(参见65页拼接图示)。

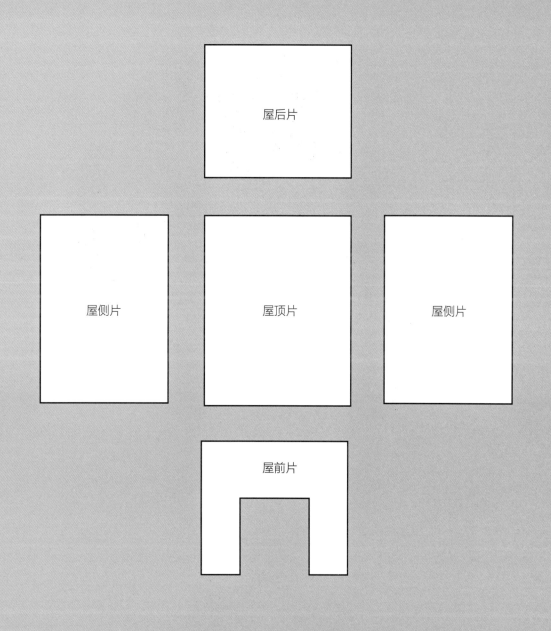

蝴蝶领结

汪之牵挂

67

蝴蝶领结

汪宝也是家庭成员，出入大小场合时它也得和您亲生孩子一样光鲜亮丽！不妨给汪宝缝制一枚蝴蝶领结，为表一视同仁，记得用和您孩子身上衣服一样的布料哦。

规格

6cm×35cm

材料准备

碎花布 22cm×36cm
白色棉线 1卷
魔术贴 9cm
超细双面绒
大号安全别针 1枚
缝纫工具包
缝纫机
熨斗

制作步骤

项圈：

1 剪： 在碎花布上剪出一块6cm×13cm布条。布条正面相对，长边对折，缝合长边。
2 翻： 借助一枚安全别针翻出项圈正面。两端分别向内折1cm缝合。
3 放： 将魔术贴圆毛刺毛两片分别放置并固定在项圈两端，注意位置要吻合。
4 缉： 缝合魔术贴边线。

领结：

1 剪： 在碎花布上剪出一块边长15cm正方形。将正方形正面相合对折。用白色棉线缝合一周，留4cm返口。
2 剪： 剪斜角。从返口处翻出正面。
3 熨： 在超细双面绒上剪出一块7cm×13cm长方形。填入表布中。藏针缝手缝返口。

中心束带：

1 剪： 在碎花布上剪出一块边上14cm正方形，正面相合对折。缝合四周，留4cm返口。
2 剪： 剪斜角。从返口处翻出正面。
3 熨： 翻好后熨烫平整。藏针缝手缝返口。
4 放： 将已填好双面绒的长方形布块放在项圈正中，用做好的束带缠绕领结和项圈。缠绕时注意力度略紧，使领结正中微微褶皱。在束带背面缝合。

汪之牵挂

在汪少侠初入江湖之际,这款项圈和牵引绳对它们来说绝对不可或缺。

材料准备

蓝底碎花布 12cm×100cm
蓝色棉线 1卷
黏合衬 6cm×40cm
扣环 1枚
金属环(直径1.5cm)1枚
铃铛 1枚
猫形小吊坠 1枚
搭扣 1只
大号安全别针 1枚
缝纫工具包
缝纫机
熨斗

制作步骤

项圈:

1 **剪**: 在蓝底碎花布上剪一段6cm×35cm布条。
2 **定**: 将黏合衬铺在布条背面,熨烫黏合。布条正面相合,长边相向对折。沿边缘0.5cm用蓝色棉缝合长边。
3 **翻**: 可借助安全别针翻出项圈正面。
4 **折**: 两端分别向内翻折少许,四周沿边缘0.3cm缉一道明线,起加固作用。
5 **穿**: 将铃铛和小猫吊饰穿上圆环。圆环套上项圈。
6 **穿**: 将项圈两端分别穿过搭扣一头,翻折后缝合。

牵引绳:

1 **剪**: 在蓝底碎花布上剪一块6cm×100cm布条。布条正面相对,长边相向对折,缝合长边。
2 **翻**: 可借助安全别针翻出绳子正面。
3 **折**: 绳子两端向内翻折少许。
4 **穿**: 将绳子一端穿过扣环,再次翻折并缝合。
5 **折**: 绳子另一头翻折14cm,做成绳套,缝合。

狗宝外出服

狗宝外出服

披上这件潮爆了的小大衣,您家的汪宝足以在小区备受尊敬。路人艳羡的眼神仿佛在说:汪宝虽然年纪小,但也拥有大志气!

规格

40cm×56cm

材料准备

橘色棉布 50cm×80cm
灰色棉布 60cm×80cm
双面绒 50cm×80cm
灰色棉线 1卷
魔术贴 15cm
黏合衬 15×15cm
缝纫工具包
缝纫机
熨斗

制作步骤

1 画: 根据73页图样按实际尺寸画出纸样。您可以根据自家狗狗体型缩放尺寸,同时调整布料用量。
2 剪: 根据纸样分别裁剪橘色棉布和灰色棉布。
3 锁: 分别锁边。
4 画: 根据85页图样在灰色棉布上画出贴布的图样。
5 剪: 在灰色棉布上剪下贴布。贴布背面铺上黏合衬,熨烫黏合。剪去黏合衬多余部分。
6 放: 将贴布放于橘色棉布正面中间位置。
7 缝: 沿边缘0.5cm用灰色棉线平针缝合一周。

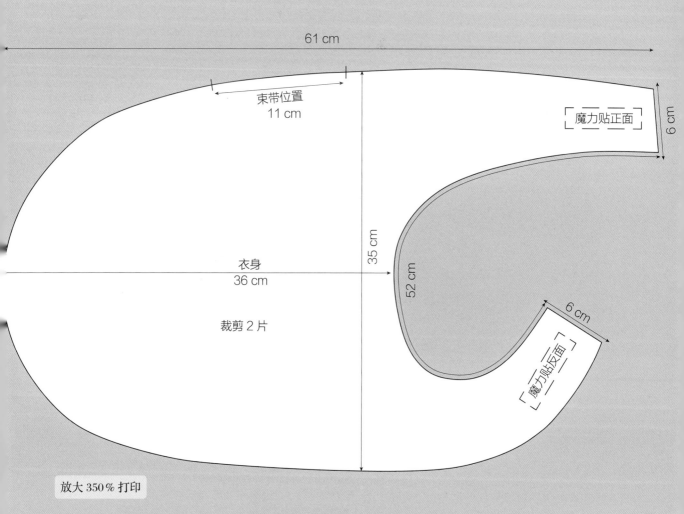

8 **拼合大衣**：将束带部分与衣身部分正面相对拼合，注意橘色对应橘色，灰色对应灰色，然后缝合。将灰色棉布和橘色棉布正面相对，缝合一周。留出10cm返口。剪牙口和斜角。从返口处翻出正面。熨烫平整。

9 **剪**：在双面绒上剪出衣身形状。注意将双面绒的裁剪尺寸需比图样小1cm，以便填充。

10 **缝**：藏针缝手工缝合返口。

11 **缝**：根据75页图示疏缝固定魔术贴位置，注意对准圆片和刺片位置。车缉边线，完成魔术贴缝制。

实际尺寸

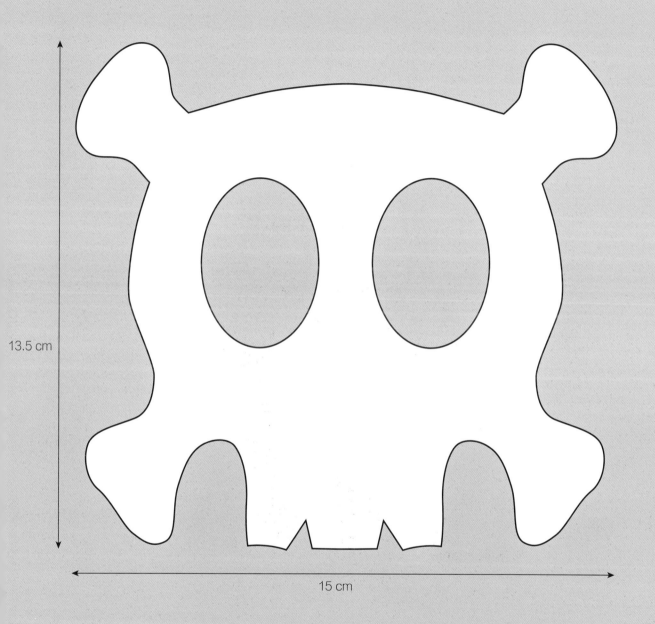

13.5 cm

15 cm

萌汪出浴

滚滚圆球

萌汪出浴

这件小浴袍简直萌爆了！它让我们不禁联想起自己孩子也曾拥有过的那些小浴袍。有了这件可正反穿的浴袍，再也不用担心汪宝着凉了。

规格

50cm×75cm

材料准备

紫底白色星星图案印花棉布 75cm×85cm
紫色毛巾布 75cm×85cm
紫色棉线 1卷
绿色小绒球（2cm）1只
缝纫工具包
缝纫机

制作步骤

1. 画：根据79页图示按实际尺寸画出纸样。您可根据自家狗狗的体型缩放尺寸，注意相应增减布料用量。
2. 剪：在紫底印花棉布和紫色毛巾布上分别剪下一片衣身和两片浴袍帽。
3. 锁：将毛巾布锁边。
4. 合：拼合两片棉布浴袍帽。
5. 嵌：将绿色绒球嵌入两片浴袍帽缝合处顶端，珠针固定。
6. 缝：将两片浴袍帽的一条长边和一条短边用紫色棉线缝合。
7. 定：将缝制好的浴袍帽和棉布衣身正面相对，珠针固定。
8. 接：拼接两片毛巾布浴袍帽，缝合一条长边和一条短边。
9. 缝：将帽子和衣身部分缝合。
10. 放：将分别拼合的棉布部分和毛巾布部分正面相对，缝合一周，留出10cm返口。
11. 剪：剪斜角。
12. 翻：从返口处翻出正面。
13. 缝：藏针缝手缝返口。

放大 400% 打印

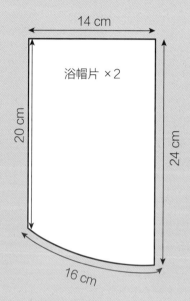

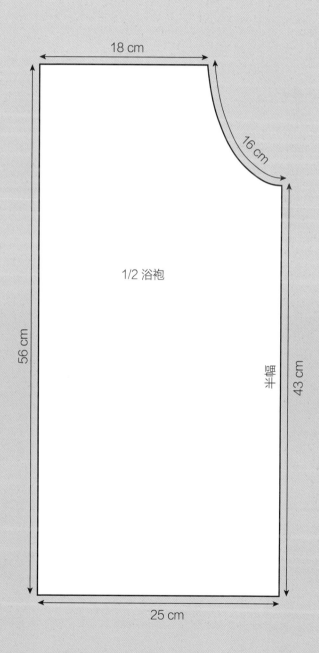

滚滚圆球

当我们逗汪宝的时候，第一反应肯定是说"去，把球球找回来！"喏，你要的球球来了~

规格

24cm×24cm

材料准备

白底印花棉布 25cm×30cm
苹果绿棉布 25cm×30cm
红白相间棉布 25cm×30cm
填充物
缝纫工具包
缝纫机

制作步骤

1 画： 根据81页图示画出纸样。
2 剪： 按纸样在每种布料上裁剪两片。分别反面相合对折。
3 剪： 在红白相间棉布上剪两片2cm×7cm小布块。
4 合： 将两片小布块拼合在一片黄布的一条侧边处，位置大致在黄布中间8cm和11cm处。
5 合： 取一片苹果绿棉布，一条侧边与白底印花棉布缝合，白底印花棉布再与红白相间棉布拼接并缝合。
6 同上： 缝合另3块布片。
7 合： 将布球的两半正面相合，缝合其中一条边，另一条边缝合一半即可。
8 翻： 翻出正面。填入填充物。
9 缝： 藏针缝缝合返口。

用 A3 纸打印

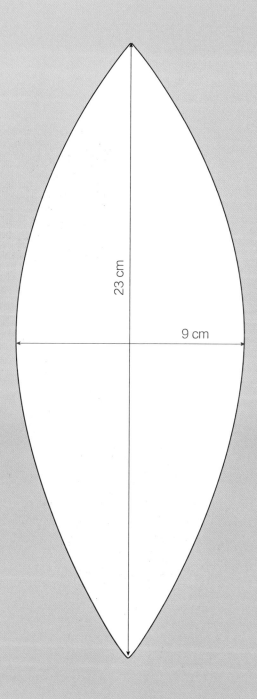

23 cm

9 cm

收纳挂袋

塑料小包

收纳挂袋

喵宝贝现在终于有自己的小天地了。这款挂袋正好可以用来收纳它的各种小玩意儿。

规格

14cm×47cm

材料准备

红黑花色防水布 14cm×35cm（约）
蓝底花色防水布 14cm×65cm（约）
大号打孔环（直径2.5cm）2枚
蓝色包边条（2.5cm宽）30cm
缝纫工具包
缝纫机
打孔工具套装
锤子

制作步骤

1 剪： 在蓝底花色防水布上剪一块14cm×51cm长方形。
2 折： 一条短边向内翻折4cm。
3 放： 将两枚打孔环放在翻折的短边上部，注意两者间留一定距离。安装，一般情况下先在布料上钻孔，以便安装打孔环（但操作前请先阅读五金产品说明书）。

制作袋子：

1 剪： 在红黑花色防水布上剪出两片14cm×16cm布块，在蓝底花色防水布上剪出一片14cm×16cm布块。
2 折： 将一片布块的两条长边分别相内翻折1cm。将折叠部分0.5cm缝份车缝。
3 同上： 处理余下两片布块。

拼合收纳袋：

1 放： 将红黑花色袋子放在最上部，紧贴打孔环下缘1cm缝份缝合其余三条边。
2 缝： 同样方法依次缝合另两个袋子。
3 剪： 将包边条剪成两段15cm长布条。穿过打孔环做成提带，以便悬挂。

塑料小包

有了这款复古风小手袋,您可安心收纳汪先生、汪小姐的所有洗漱用品。

规格

25cm×30cm

材料准备

印花PVC塑料布 35cm×50cm(约)
红色绣花线 1卷
绿色棉质包边条或其他绿色束带 120cm
大号安全别针 1枚
缝纫机
缝纫工具包

制作步骤

1 剪: 在印花PVC塑料布上剪下一块35cm×50cm长方形。
2 折: 正面相合,长边相向对折。
3 缝: 用红色绣花线缝合袋子的底边和一条侧边。
4 注意: 切勿用珠针固定塑料材质的料子,否则会留下针孔。
5 折: 袋口向内翻折3.5cm。
6 缝: 缝合翻折部分,缝合线位于距袋口3cm处,留3cm返口。
7 缝: 安全别针穿在束带一端,把束带穿过抽绳槽。
8 系: 系上束带两端。

牵线小鸟

鱼形餐垫

牵线小鸟

一件可以和喵宝互动玩耍的漂亮小玩意儿。您大可以用不同颜色布料缝制好几只小鸟,挂在家中各个角落随意摆弄。

规格

7cm × 8cm

材料准备

苹果绿棉布 10cm × 20cm
金黄色毛毡布 2cm × 2cm
细麻绳 1m
红黑色羽毛 3支
填充棉
深绿色绣花线 30cm
同色系绿色棉线 1卷
尖头大眼绣花针 1枚
缝纫工具包
缝纫机

制作步骤

1 画: 根据下方图样实际尺寸画出纸样。
2 剪: 在苹果绿棉布上剪出两片小鸟形状。
3 剪: 在金黄色毛毡布上剪出鸟嘴形状。
4 定: 将鸟嘴朝内放在鸟身背面,疏缝固定。
5 放: 将两片鸟身正面相对放置,注意鸟嘴应夹在两片鸟身之间。疏缝固定。
6 缝: 用绿色棉线缝合一周。
7 留: 留出约4cm返口。
8 拆: 拆去疏缝线。
9 剪: 剪斜角。
10 翻: 翻出正面。
11 绣: 分两股深绿色绣花线,用回针绣在两片鸟身上分别绣出眼睛。
12 填: 填入填充棉。
13 缝: 藏针缝缝合返口。
14 缝: 在鸟身尾部缝上羽毛。
15 穿: 取大眼绣花针,将细麻绳缝在小鸟头部上方。

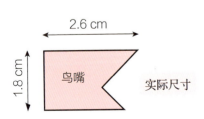

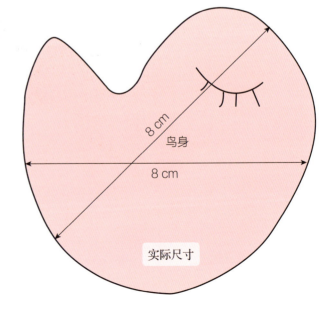

鱼形餐垫

喵宝一向以纤丽优雅著称。让它衬着这块餐垫吃饭，相信我，它的食欲肯定会更好！

规格

25cm × 40cm

材料准备

红色印花PVC防水布
宽型双面胶
小号硬纸板
切割刀或剪刀

制作步骤

1 画： 根据下方图样按实际尺寸用硬纸板做出鱼形纸样。
2 粘： 用双面胶将红色印花PVC防水布粘在硬纸板上。
3 剪： 根据硬纸板形状裁剪防水布。

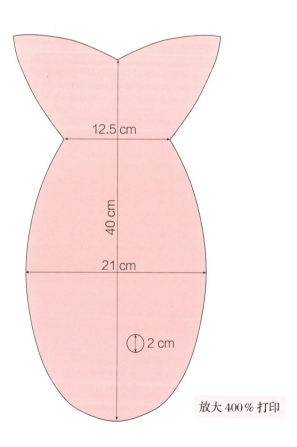

放大 400% 打印

软垫

迷你垫

软垫

在喵女王外出巡视时,您可以把垫子借给自己!这款垫子简直不能更美,都想据为己有!

规格

50cm×50cm

材料准备

墨绿色棉布 51cm×51cm(约)
绿色印花棉布 51cm×51cm(约)
绿色碎花布(包边用)12cm×120cm
或 碎花包边条 210cm
细棉绳(嵌条内芯)210cm
填充棉
绿色系棉线 1卷
缝纫工具包
缝纫机
熨斗

制作步骤

1 剪: 在绿色碎花布上剪下两段6cm×105cm布条,连接缝合成一条210cm长的包边条。
2 折: 包边条长边相向对折。
3 裹: 细绳裹在包边条中间,珠针别住细绳后疏缝固定。
4 换: 缝纫机换上嵌条压脚,沿疏缝线缝合。
5 剪: 在墨绿色棉布和绿色印花棉布上分别剪出一块边长51cm正方形。
6 定: 嵌条朝内用珠针固定在绿色印花棉布正面,然后疏缝。
7 完成: 将嵌条两端合拢重叠。
8 放: 将两块方形布正面相对放置,注意嵌条应夹在两块布中间。
9 缝: 用绿色棉线缝合一周。
10 留: 留出约8cm返口。
11 拆: 拆去疏缝线。
12 剪: 剪斜角。
13 翻: 翻出正面。
14 填: 填入填充物。
15 缝: 藏针缝缝合返口。

迷你垫

我们喜欢在家中每个角落都放上垫子。这些小垫子简直可爱到爆炸,都留给猫想想还有些舍不得呢。

规格

28cm×28cm

材料准备

墨绿色棉布 29cm×29cm(约)
绿色印花棉布 29cm×29cm(约)
玫红色碎花布(包边用)6cm×130cm(约)
或玫红色包边条 130cm
细棉绳(嵌条内芯)130cm
填充棉
绿色系棉线 1卷
缝纫工具包
缝纫机
熨斗

制作步骤

1 裁: 在玫红色包条布上斜裁下一段6cm×130cm布条,长边相向对折。
2 裹: 细绳裹在玫红色包边条中间,珠针别住细绳后疏缝固定。
3 换: 更换缝纫机压脚。使用嵌条压脚,沿疏缝线缝合。
4 剪: 在墨绿色棉布和绿色印花棉布上分别剪出一块边长29cm正方形。
5 定: 将嵌条朝内放在绿布正面,珠针固定然后疏缝。
6 完成: 将嵌条两端合拢重叠。
7 放: 将两块方形布正面相对放置,注意嵌条应夹在两块布中间。
8 缝: 缝合一周。
9 留: 留出约8cm返口。
10 拆: 拆去疏缝线。
11 剪: 剪斜角。
12 翻: 翻出正面。
13 填: 填入填充物。
14 缝: 藏针缝缝合返口。

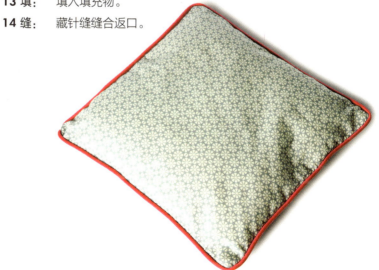

汪宝小屋

碎花假领

汪家小屋

汪小宝也终于有自己的移动小屋了！您也可以把小屋移到暴晒的庭院或者炎热的海滩上。小屋的拼合方法真是超级简单！

规格

45cm×35cm×40cm

材料准备

床垫布 1m×140cm
紫底白色星星图案棉布 1m×140cm
紫色花棉布 30cm×90cm
加厚双面绒 1m×140cm
黏合衬 1m×140cm
绿色缎带 50cm×4mm
白色绣花线 1支
紫色绣花线 1支
大号尖头绣花针 1枚
缝纫工具包
缝纫机
熨斗

制作步骤

1 熨： 将黏合衬铺在紫底白色星星图案棉布背面，低温熨烫黏合，使布身挺括。
2 画： 根据97页图样按真实尺寸画出纸样。

屋顶：

1 剪： 在紫底白色星星图案棉布和紫色花棉布上分别剪两块27cm×43cm长方形。
2 合： 将两块花色不同的长方形正面相合，用紫色绣花线缝合四边。留15cm返口。剪斜角。翻出正面。重复上述动作缝合另两片花布。
3 剪： 剪两块26cm×42cm双面绒。将双面绒分别填入两片屋顶内部。藏针缝缝合返口。
4 合： 手缝两片长方布，拼合成屋顶形状。

屋底：

1 剪： 在床垫布上分别剪出两片32cm×41cm长方形。
2 缝： 正面相对，缝合四周。留出15cm返口。剪斜角。翻出正面。
3 剪： 在双面绒上剪出一片29cm×39cm长方形。
4 填： 填入双面绒。藏针缝缝合返口。

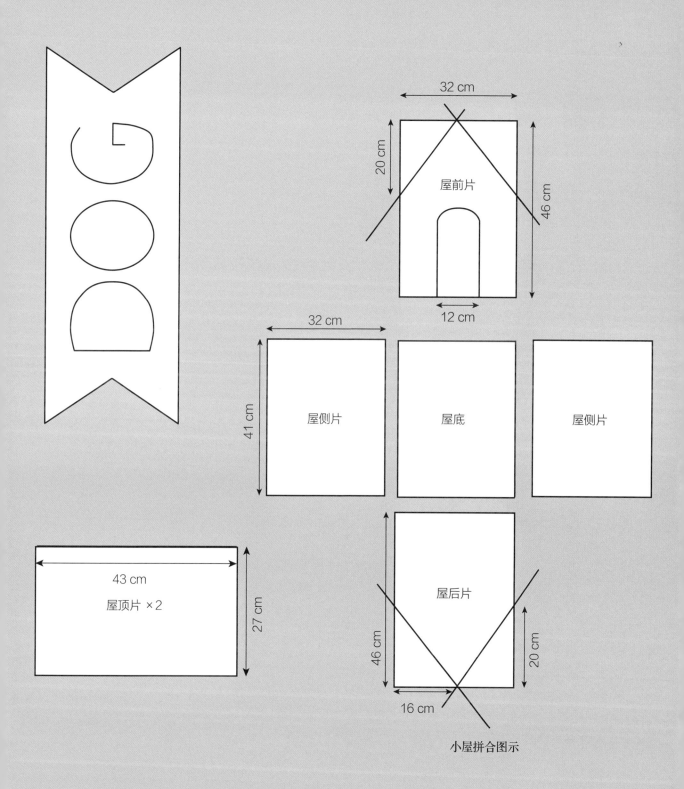

续

屋侧片：

1 剪： 在床垫布上分别剪出两片32cm×41cm长方形。
2 剪： 在星星图案棉布上分别剪出两片32cm×41cm长方形。
3 缝： 取一片星星图案棉布和一片床垫布正面相对，用白色绣花线缝合四周。留15cm返口。剪斜角。翻出正面。同上处理另外两片布。
4 剪： 在双面绒上剪出两片31cm×40cm长方形。
5 填： 将两片双面绒分别填入两侧片。藏针缝缝合返口。

屋前片和屋后片：

1 剪： 在床垫布和星星图案棉布上分别剪出两片32cm×46cm长方形，作为屋前片和屋后片。
2 剪： 在双面绒上剪出两片31cm×45cm长方形。
3 修： 再次裁剪布片，修出房屋形状。
4 标： 在各条长边上分别标出20cm位置。
5 标： 标出一条短边中点，画两条直线分别连接该点和步骤4标注的点，得出的三角形即为屋顶形状。
6 剪： 沿步骤5画的直线裁剪。
7 同上： 处理双面绒。
8 绣： 在其中一片床单布正面，取分两股紫色绣花线，用卷茎绣针法（参见97页图示）绣出"DOG"字样。
9 合： 将绣好文字的布片与星星花布正面相合，画出屋门样式（参见97页图样）。缝合屋身四周以及门框。留出底边不缝作为返口。剪斜角（避开屋门部分）。
10 画： 在双面绒上画出屋门样式，剪去门内部分。
11 填： 填入双面绒。
12 翻： 翻出正面，藏针缝缝合底边。

拼合：

1 拼： 按照图示拼合各片（参见97页），锁边缝（参见16页）缝合各片。
2 注意： 请勿将屋顶底部和四个侧片拼合。

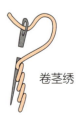

卷茎绣

帅气假领

汪宝不穿戴整齐可不愿出门半步！这款快手缝碎花假领可确保您家汪宝Hold住各类场合！

规格

10cm×43cm

材料准备

绿色碎花布 15cm×45cm
蓝色棉布 15cm×45cm
绿色棉线 1卷
绿色缎带 0.7cm×1m
缝纫工具包
缝纫机
熨斗

制作步骤

1 画： 根据101页图样按实际尺寸画出纸样。您可以根据自家狗狗的体型进行缩放，并准备相应量的布料。
2 剪： 按纸样裁剪绿色碎花布和蓝色棉布，分别作为表布和里布。
3 锁： 各布片分别锁边。
4 定： 将表、里布正面相对，珠针固定。
5 剪： 将蓝色缎带剪成等长两段，分别固定在领子的一端。
6 缝： 用绿色棉线缝合表、里布，注意缎带应夹在表里布之间。
7 剪： 剪牙口。
8 翻： 从返口处翻出正面。
9 熨： 熨烫领子。
10 缝： 藏针缝手缝返口。

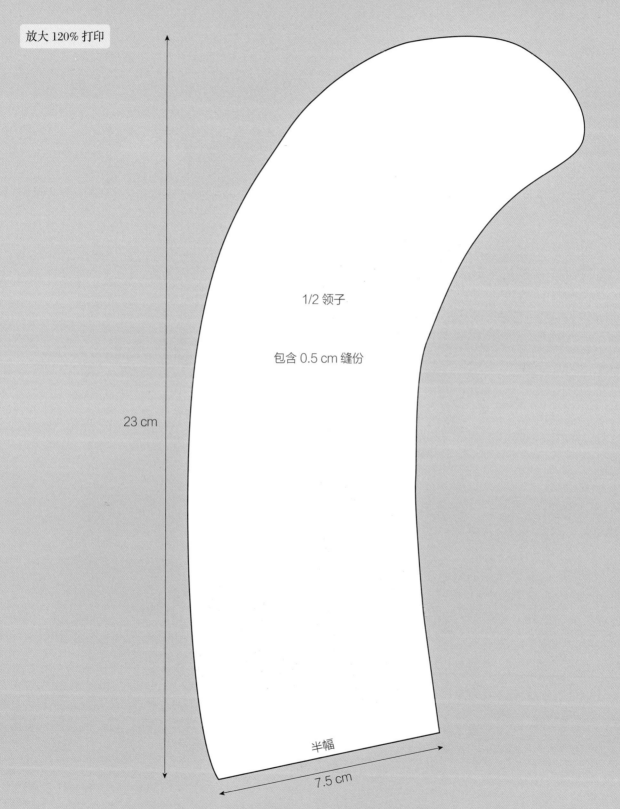

纽扣翻领潮流大衣

保暖家居服

6

纽扣翻领潮流大衣

穿着这件英伦风大衣去上班,真是再合适不过了。汪宝又一次成为众人/狗羡慕嫉妒的对象。

规格

42cm×70cm(约)

材料准备

灯芯绒 50cm×110cm
白底紫条纹棉布 50cm×110cm
纽扣(直径2cm)4枚
纯色棉线 1卷
魔术贴 20cm
缝纫工具包
缝纫机
熨斗

制作步骤

根据105页图示按实际尺寸画出纸样。可按照您家狗狗体型缩放尺寸,并增减布料。

领子:

1 剪: 按照纸样在灯芯绒和白底紫条纹棉布上分别剪出一片领子,白底紫条纹棉布作为里布。
2 锁: 分别锁边。
3 定: 表、里布正面相对,珠针固定。
4 缝: 用纯色棉线缝合一周,留5cm返口。拆去珠针。
5 剪: 剪牙口。
6 翻: 从返口处翻出正面。
7 熨: 熨烫平整。
8 缝: 藏针缝手缝返口。

衣身背部:

1 剪: 根据106页图示,在灯芯绒和白底紫条纹棉布上分别剪两片衣身。
2 合: 将两片灯芯绒正面相合,对齐。缝合大衣后背部位边缘。展平熨烫。
3 同上: 同上方法处理里布。
4 缝: 将衣身表里布正面相对,缝合一周。留8cm返口。
5 剪: 剪斜角和牙口。
6 翻: 从返口处翻出正面。藏针缝手缝返口。

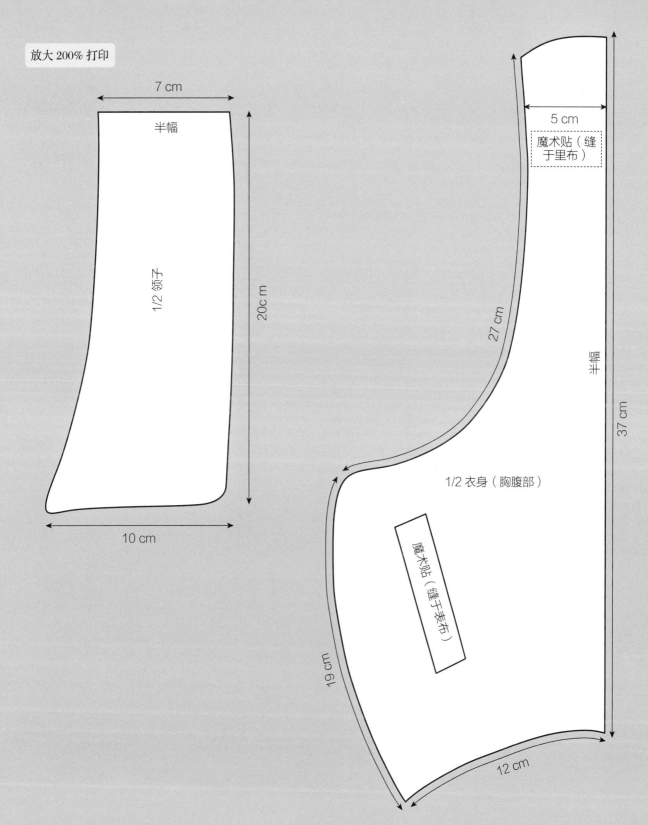

续

胸腹部：

1 **剪**：在灯芯绒和白底紫条纹棉布上分别剪出一片胸腹部布料。正面相对，缝合一周。留一道返口。剪斜角，翻出正面。藏针缝缝合返口。

2 **定**：根据图示确定魔术贴在衣身背部和胸腹部的位置。疏缝固定后车缝。

拼接领子和大衣：

1 **放**：将领子放在大衣正面，对齐领圈，手缝。

2 **缝**：方形走线，将纽扣缝在衣身胸腹部。

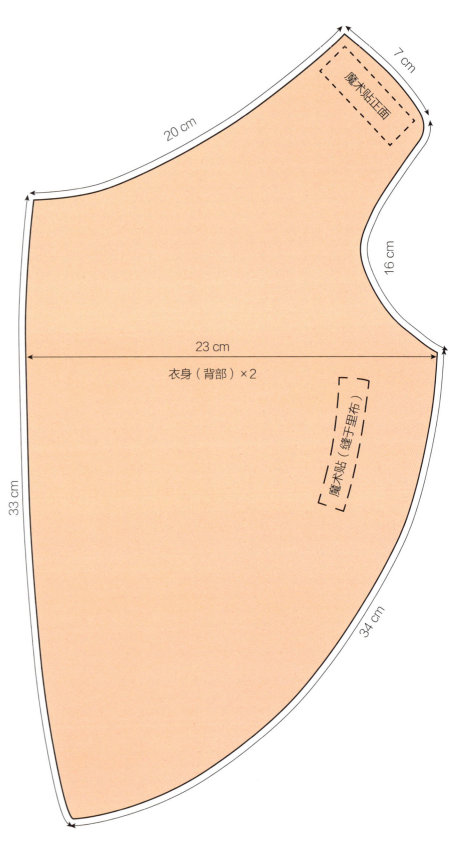

衣身（背部）×2

魔术贴正面
魔术贴（缝于里布）

20 cm
7 cm
16 cm
23 cm
33 cm
34 cm

保暖家居服

就让汪宝趴在您脚边悠闲地虚度光阴吧。这款小家居服再配上家里暖暖的壁炉,一定会给您家带来一股英伦气息。

规格

50cm×58cm

材料准备

灰色毛呢 50cm×60cm
黄色印花棉质包边条 2.5m
灰色棉线 1卷
魔术贴 10cm
缝纫工具包
缝纫机

制作步骤

1 画： 根据119页图示按实际尺寸画出纸样。您可按照自家狗狗的体型缩放尺寸，并相应增减布料和包边条。
2 剪： 按照纸样裁剪灰色毛呢料。
3 展： 展开包边条，将包边条反面朝内包住灰色毛呢四周，珠针固定一圈。机缝包边条。将包边条向内翻折，珠针固定。藏针缝手缝完成包边。
4 定： 按照图示确定魔术贴位置，用灰色棉线车缝。注意一定要对准魔术贴圆片和刺片位置。

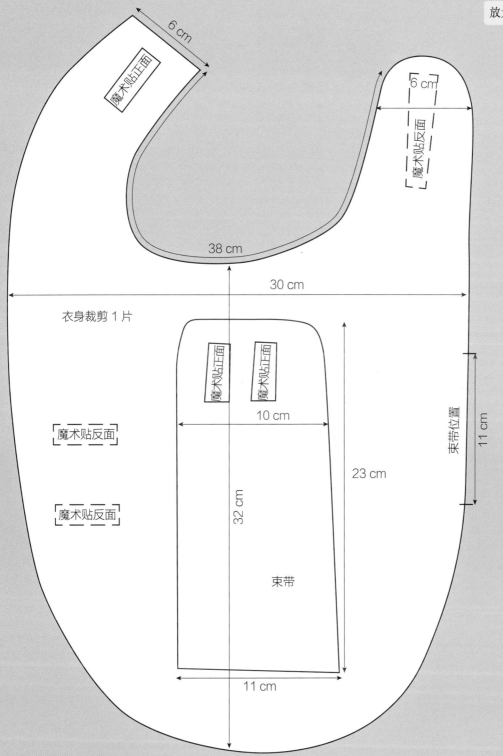

蓝色喵篮

蓝色喵篮

沿用制作收纳筐的思路,这里有一款制作超级简单的宠物篮,可以让您家猫咪、狗狗甚至小猫崽安心睡个好觉。可根据您家宝贝实际体型调整篮子尺寸。

规格

59cm×68cm

材料准备

蓝色棉布 60cm×69cm(约)
蓝色印花棉布 60cm×69cm(约)
双面绒 59cm×68cm(约)
蓝色缎带 2m
蓝色棉线 1卷
缝纫机
缝纫工具包

制作步骤

1 剪: 在蓝色印花棉布上剪出一片60cm×69cm长方形。
2 剪: 在蓝色棉布上剪出一片60cm×69cm长方形。
3 剪: 在双面绒上剪出一片59cm×68cm长方形
4 合: 将两块布正面相合,珠针固定。
5 剪: 将蓝色缎带剪成8段长25cm的小条。
6 定: 将8条缎带分别放在长方形每个直角两边13cm处,珠针固定。缎带另一端朝内。
7 缝: 0.5cm缝份用蓝色棉线缝合两块布,注意缎带应夹在两块布之间。留出20cm返口。剪斜角。
8 翻: 翻出正面。抽出缎带。
9 填: 填入双面绒。
10 缝: 藏针缝缝合返口。
11 系: 将缎带两两系上,做成篮子形状。

恐怖鲨鱼

也许您家汪宝会说:"然而宝宝依然不怕……"。这款美丽的小玩具堪称装点家居的好主意!

规格

8cm × 10cm

材料准备

绿色棉布 16cm×22cm
纯色蓝色相间细麻绳 1m
纯色毛毡布 2cm×4cm
毛毡球(直径2cm)1个
绿色绣花线 20cm
填充棉
绿色系棉线 1卷
缝纫工具包
绣花针 1枚
缝纫机

制作步骤

1 画: 根据下方图样按实际尺寸画出纸样。
2 剪: 在绿色棉布上剪出两片鲨鱼形状。
3 剪: 在纯色毛毡布上剪出两片直径为2cm的圆形作为鲨鱼眼睛。
4 合: 将两片鲨鱼正面相合,疏缝固定。
5 缝: 用绿色棉线缝合鱼身一周。留约4cm返口。
6 拆: 拆去疏缝线。
7 剪: 剪牙口。
8 翻: 翻出正面。
9 绣: 在眼睛正中用绿色绣花线结粒绣(参见第9页)绣出眼珠。
10 填: 填入填充棉。
11 缝: 藏针缝缝合返口。
12 穿: 将细麻绳穿过绣花针,绳子一端打个结。把针从鱼尾处穿入,鱼嘴处穿出,再穿上毛毡球,完工。

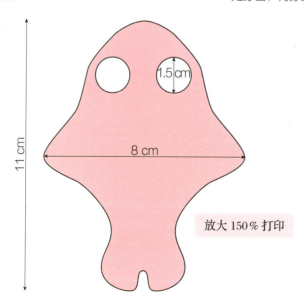

放大150%打印

圆柱形靠枕

可爱
小星星

圆柱形靠枕

汪宝不抱着它的靠枕可睡不着。也可以缝制各种型号的靠枕给您家宝贝打造一张绵软的睡床。

材料准备

紫色印花棉布 43cm×60cm（约）
紫色棉布 15cm×30cm
填充物
缝纫机
缝纫工具包

制作步骤

1. 剪：在紫色印花棉布上剪下一片 43cm×60cm 长方形。
2. 剪：在紫色棉布上剪下两片直径15cm的圆形。
3. 合：将长方形一条短边一片圆布正面相对拼合，疏缝固定后缝合。同上处理另一条短边。
4. 缝：长方形两条长边正面相对，合成筒形，缝合。留10cm缝份。
5. 剪：剪牙口。翻出正面。填入填充物。藏针缝缝合返口。

可爱小星星

给您家汪宝戴上这颗萌萌哒小星星,让它在众人/狗面前炫翻天。快点来撩拨您家的宝贝吧!

材料准备

粉白相间花棉布 6cm×6cm
钥匙圈 1枚
绿色小绒球(2cm长)1个
填充棉
缝纫工具包
绣花针 1枚

制作步骤

1 画: 根据下方图示按实际尺寸画出纸样。
2 剪: 在粉白相间花棉布上剪出两片星星形状。
3 放: 将两片星星形状的棉布正面相向对齐贴合,疏缝固定。
4 缝: 缝合一周。留出约2cm返口。
5 拆: 拆去疏缝线。
6 剪: 剪牙口和斜角。
7 翻: 翻出正面。
8 填: 填入填充物。
9 缝: 藏针缝缝合返口。
10 缝: 在星星上缝上小绒球。
11 穿: 将小绒球穿过钥匙圈。

小星星 6cm

实际尺寸

彩色小球
6

亚细亚风情外套

彩色小球

一款可爱的彩色小球。您也可以缝制大大小小五颜六色的小球,在其中填上沙子、米粒或者聚苯乙烯颗粒,做成小沙包。

规格

5cm × 10cm

材料准备

各色花棉布4种 10cm × 15cm

缝纫机

填充物

制作步骤

1 画: 根据121页图样按实际尺寸画出纸样。
2 剪: 按纸样在每种颜色棉布料上剪下两片。分别锁边。
3 合: 布片两两拼接,0.5cm缝份缝合。
4 同上: 拼合所有布片,留5cm返口。
5 翻: 翻出正面。填入填充物。
6 缝: 藏针缝缝合返口。

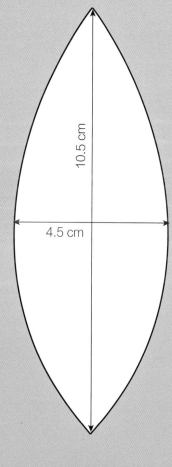

球
裁剪 8 片

实际尺寸

亚细亚风情外套

用一股亚细亚潮流调剂心情。还可以反穿,秒变牛仔服哦。

规格

40cm×62cm

材料准备

牛仔布 42cm×64cm
亚洲风格花棉布 47cm×64cm
水绿色缎带 0.7cm×70cm
绿色棉线 1卷
魔术贴 10cm
缝纫工具包
缝纫机

制作步骤

1 画: 根据123页图样按实际尺寸画出纸样。您可根据自家狗狗的体型调整大小,并相应增减布料。
2 剪: 在牛仔布上剪出衣身。棉布做同样处理。
3 合: 棉布与牛仔布正面相合对齐。
4 剪: 缎带剪成35cm长的等长两段,放在衣身反面上端,珠针固定,用绿色棉线缝合一周,留8cm返口。
5 拆: 拆去珠针。
6 剪: 剪牙口和斜角。
7 翻: 从返口处翻出正面。
8 缝: 藏针缝缝合返口。
9 缝: 根据图示确定魔术贴位置,车边线缝制魔术贴。完工。

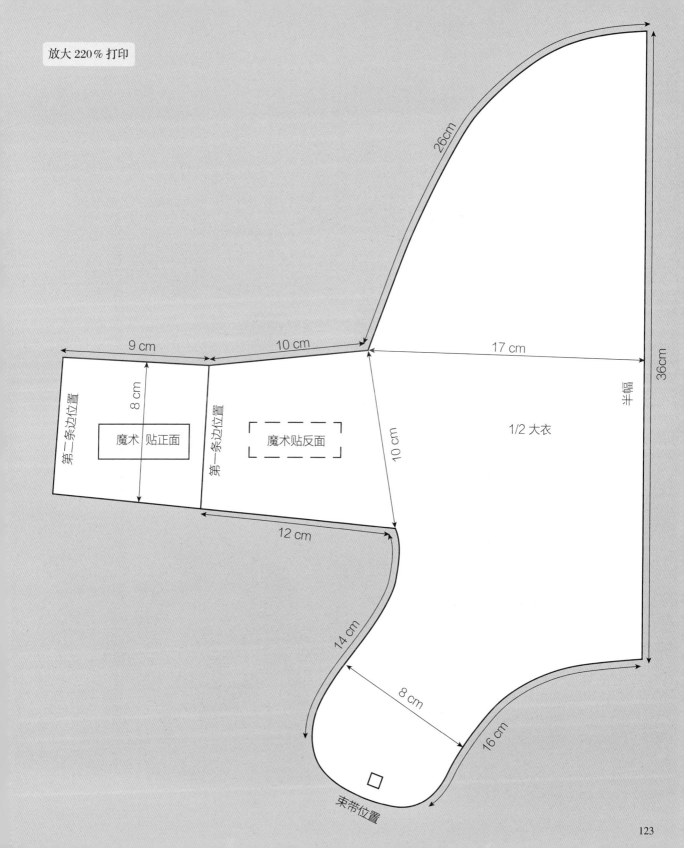

致谢

感谢MOUSTACHES宠物用品商店对本书的大力支持。本书图片中呈现的所有狗狗、猫咪配饰——坐具、玩具、项圈、牵引绳、刷子、宠物食品、骨形玩具、食盆等,在该店均有销售。

垫子　Moustaches　　　　　　　　　　扶手椅　宜家

嗯，真诚感谢各位狗狗和猫咪，以及它们的主人们！

焦糖

针针

吉兹莫

舒皮

加斯帕德

克洛维

西皮

吉普尼斯

鬼鬼、佐罗、卡拉

图书在版编目（CIP）数据

狗狗和猫咪用品巧制作 / 法国嘉人图书编辑部编；晏梦捷译 . — 北京：中国轻工业出版社，2018.1

ISBN 978-7-5184-1689-9

Ⅰ . ①狗… Ⅱ . ①法… ②晏… Ⅲ . ①宠物 – 日用品 – 制作 Ⅳ . ① TS976.38

中国版本图书馆 CIP 数据核字（2017）第 269805 号

版权声明：

Accessoires pour chiens et chats © 2012 by Éditions Marie Claire-Société d'Information et de Créations (SIC)
This translation of "Accessoires pour chiens et chats" first published in France is published by arrangement with YOUBOOK AGENCY, CHINA.

责任编辑：李建华　　责任终审：张乃柬　　封面设计：锋尚设计
版式设计：锋尚设计　　责任校对：吴大鹏　　责任监印：张　可

出版发行：中国轻工业出版社（北京东长安街6号，邮编：100740）
印　　刷：北京顺诚彩色印刷有限公司
经　　销：各地新华书店
版　　次：2018年1月第1版第1次印刷
开　　本：889×1194　1/16　印张：8
字　　数：100千字
书　　号：ISBN 978-7-5184-1689-9　定价：60.00元

邮购电话：010-65241695
发行电话：010-85119835　传真：85113293
网　　址：http://www.chlip.com.cn
Email：club@chlip.com.cn

如发现图书残缺请与我社邮购联系调换

170376S8X101ZYW